# 《李高效种植技术与病虫害防治图谱》

## 编委会

主　编　罗雅慧　张金涛

副主编　李永青　张国伟

　　　　蒲春雷

编　委　吴宝玉　桑荣生

　　　　张向阳

　　我国农作物病虫害种类多而复杂。随着全球气候变暖、耕作制度变化、农产品贸易频繁等多种因素的影响，我国农作物病虫害此起彼伏，新的病虫不断传入，田间为害损失逐年加重。许多重大病虫害一旦暴发，不仅对农业生产带来极大损失，而且对食品安全、人身健康、生态环境、产品贸易、经济发展乃至公共安全都有重大影响。因此，增强农业有害生物防控能力并科学有效地控制其发生和为害成为当前非常急迫的工作。

　　由于病虫防控技术要求高，时效性强，加之目前我国从事农业生产的劳动者，多数不具备病虫害识别能力，因混淆病虫害而错用或误用农药造成防效欠佳、残留超标、污染加重的情况时有发生，迫切需要一部通俗易懂、图文并茂的专业图书，来指导农民科学防控病虫害。鉴于此，我们组织全国各地经验丰富的培训教师编写了一套病虫害防治图谱。

　　本书为《李高效种植技术与病虫害防治图谱》。从李树的形态特征、生长发育特征、生长环境、主要品种、李园规划建设、栽培方法、田间管理及果实采收贮运等方面对李树种植技术进行了简单介绍；并精选对李树产量和品质影响较大的16种病害和16种虫害，以彩色照片配合文字辅助说明的方式从病虫害（为害）特征、发生规律和防治方法等进行讲解。

本书通俗易懂、图文并茂、科学实用，适合各级农业技术人员和广大农民阅读，也可作为植保科研、教学工作者的参考用书。需要说明的是，书中病虫草害的农药使用量及浓度，可能因李树的生长区域、品种特点及栽培方式的不同而有一定区别。实际使用中，建议以所购买产品的使用说明书为标准。

由于时间仓促，水平有限，书中难免存在不足之处，欢迎指正，以便再版时修订。

编　者
2019年3月

CONTENTS **目 录**

# 第一章

# 李树特征及品种

## 一、李树形态特征

### 1. 根

根是果树的重要营养器官，根系发育好坏对地上部生长结果有重要影响。李树根系发达，吸收根主要分布在地表下20~60厘米的土层内。水平根分布的范围则常比树冠直径大1~2倍。

### 2. 芽

芽是枝、叶和花的原始体，所有枝、叶和花都是由芽发育而成的。所以，芽也是李树生长、结果及更新复壮的基础。李芽有花芽与叶芽之分。多数品种在当年枝条的下部，多形成单叶芽，而在枝条的中部形成复芽（包括花芽），在枝条接近顶端又形成单叶芽。

李树花芽是纯花芽，肥大而饱满，芽发后只开花不生枝叶，每个花芽内包孕着1~4朵花的花序，开花时花序抽出，花朵开放。

一般的李树普遍存在1～3个芽，中央芽为叶芽，两边的芽多为花芽。有2个芽的一个是花芽，另一个是叶芽。只1个芽的，或是叶芽，或是花芽。

### 3.枝

李树（图1-1）是多年生的落叶小乔木，李树具有强壮的枝干和一定形状的树冠。枝干和主茎的功能一样，主要是运输水分、养分，支撑叶、花、果实，并储藏营养。

图1-1　李树

根据枝着生的位置和作用不同，可将其分为主枝、侧枝、小侧枝。又根据枝条的性质不同，可分为营养枝和结果枝。营养枝一般由当年生新梢发育而成，生长较壮，组织充实。营养枝上着生叶芽，能抽出新梢、扩大树冠或形成新的枝组。结果枝条上着生花芽，能开花结果。结果枝可分为下列几种类型：①长果枝，长30厘米以上，能结果又能形成健壮的花束状果枝。②中果枝，长10～30厘米，结果后可发生花束状结果枝。③短果枝，长5～10

厘米，其上多为单花芽。④花束状果枝，短于5厘米，全为花芽，只有顶芽为叶芽。

中国李的主要结果枝为花束状果枝和短果枝，而美洲李和欧洲李则以中、短果枝为主。

### 4. 叶

李树叶片是互生的，依着一定的顺序，在新梢上呈螺旋状排列。李树叶序一般为2/5，在两次循环内着生5片叶子，而第六片叶子与第一片叶在枝条上处于同一方位。了解叶序，可为整形修剪控制枝条的方位提供依据。李子种类不同，则叶片形状不同，如中国李、欧洲李、樱桃李、杏李的叶形就各有特点。

### 5. 花

花（图1-2）是植物的生殖器官，李树为两性花，属于子房上位，李花较小，为白色。花一般由花梗、花托、花萼、花冠、雄蕊、雌蕊等组成。

图1-2 李子花

### 6.果实

中国李果实圆形或椭圆形，果顶由尖顶、平顶到凹顶，变化很大。果皮颜色由黄色至紫红色，果肉多呈黄色或紫红色。完熟的果实整齐而饱满，胚已充分成熟。果肉内部的成分变化趋势是酸和干物质逐渐减少，糖的含量逐渐增加。例如，盖县大李成熟时，果实底色黄绿，彩色鲜红有晕；果肉细软、酸甜适度、香味浓，可溶性固形物含量达13.5%。果子充分成熟时，一般果面光滑，有白色果粉，果柄产生离层，一触即落。

## 二、李树生长发育特征

### 1.根系

（1）砧木。李树栽培上应用的多为嫁接苗木，砧木绝大部分为实生苗，少数为根蘖苗。李树根系属浅根系，多分布于距地表5~40厘米的土层内，但由于砧木种类不同根系分布的深浅有所不同，毛樱桃为砧木的李树根系分布浅，0~20厘米的根系占全根量的60%以上，而毛桃和山杏砧木的分别为49.3%和28.1%。山杏砧李树深层根系分布多，毛桃砧介于二者之间。

（2）根系活动规律。李树根系的活动受温度、湿度、通气状况、土壤营养状况以及树体营养状况的制约。根系一般无自然休眠期，只是在低温下才被迫休眠，温度适宜，一年之内均可生长。土温达到5~7℃时，即可发生新根，15~22℃为根系活跃期，超过22℃根系生长减缓。土壤湿度影响到土壤温度和透气性，也影响到土壤养分的利用状况。土壤水分为田间持水量的60%~80%是根系适宜的湿度，过高过低均不利于根系的生长。根系的生长节奏与地上部各器官的活动密切相关。一般幼树一年中根系有3次生长高峰，一般春季温度升高根系开始进入第一次生长高峰，随开花坐果及新梢旺长生长减缓。当新梢进入缓慢生长期时进入第二次生长高峰。随果实膨大及雨季秋梢旺长又进入缓长期。当采果后，秋梢近停长。土温下降时，进入第三次生长高峰。结果期大树则只有两次明显的根系生长高峰。了解李树根系生长节奏及适宜的条件，对李树施肥、灌水等重要的农业技术措施有重要的指导意义。

2. 枝、芽

李树的芽分为花芽和叶芽两种，花芽为纯花芽，每芽中有1~4朵花。叶芽萌发后抽枝长叶，枝叶的生长同样与环境条件及栽培技术密切相关。在北方李树一年之中的生长有一定节奏性，如早春萌芽后，新梢生长较慢，有7~10天的叶簇期，叶片小、节间短，芽较小，主要靠树体前一年的贮藏营养。随气温升高，根系的生长和叶片增多，新梢进入旺盛生长期，此期枝条节间长，叶片大，叶腋间的芽充实、饱满，芽体大。此时是水分临界期，对水分反应较敏感，要注意水分的管理，不要过多或过少。此期过后，新梢生长减缓，中、短梢停长积累养分，花芽进入旺盛分化期。雨季后新梢又进入一次旺长期—秋梢生长。秋梢生长要适当控制，注意排水和旺枝的控制，以防幼树越冬抽条及冻害的发生。

3. 果实

李树果实生长发育的特点是有两个速长期，在两个速长期之间有一个缓慢的生长期。第一次速长期（也叫幼果膨大期），从子房膨大开始到果实木质化以前，这一时期体积重量迅速增长，果实增长速度快。硬核期时，胚迅速生长，果实纵横径增长速度急剧下降，果实增长缓慢或无明显增长。内果皮从先端开始逐渐硬化形成种核。第二次速长期是在盛花后72~99天，这一时期果实干重增长最快，是果肉增重的最高峰。如果这个时期雨量过多，有些品种容易出现裂果，绥李3号就经常出现裂果现象。

# 三、李树生长环境

由于各种不同种类的李树处于不同的生态环境下，形成了不同生态型。在引种和栽培上要区别对待，这样可增加引种栽培的成功率。

### 1. 温度

李树对温度的要求因种类和品种不同而异。中国李、欧洲李喜温暖湿润的环境，而美洲李比较耐寒。同是中国李，生长在我国北部寒冷地区的绥棱红、绥李3号等品种，可耐-42～-35℃的低温；而生长在南方的木隽李、芙蓉李等则对低温的适应性较差，冬季低于-20℃就不能正常结果。

李树花期最适宜的温度为12～16℃。不同发育阶段对低温的抵抗力不同，如花蕾期-5.5～-1.1℃就会受害；花期和幼果期为-2.2～-0.5℃。因此北方李树要注意花期防冻。

### 2. 水分

李树为浅根树种。因种类、砧木不同对水分要求有所不同。欧洲李喜湿润环境，中国李则适应性较强；毛桃砧一般抗旱性差，耐涝性较强，山桃耐涝性差抗旱性强，毛樱桃根系浅，不太抗旱。因此在较干旱地区栽培李树应有灌溉条件，在低洼黏重的土壤上种植李树要注意雨季排涝。

### 3. 土壤

对土壤的适应性以中国李最强，几乎各种土壤上李树均有较强的适应能力，欧洲李、美洲李适应性不如中国李。但所有李均以土层深厚的砂壤、中壤土栽培表现好。黏性土壤和砂性过强的土壤应加以改良。

### 4. 光照

李树为喜光树种，通风透光良好的果园和树体。果实着色好，糖分高，枝条粗壮，花芽饱满。阴坡和树膛内光照差的地方果实晚熟，品质差，枝条细弱，叶片薄。因此栽植李树应在光照较好的地方并修整成合理的树形，对李树的高产、优质十分必要。

## 四、李树主要品种

李树品种很多，在我国南北方适应性较好的品种如下。

### 1. 莫尔特尼

原产美国，果实近圆形，果面光滑且具光泽，果点小而密，果实紫红色，果肉淡黄色，果肉细软，果汁中少风味酸甜，平均单果重74.2克，最大单果重123克，可溶性固形物含量为13.3%，品质上等。6月上旬成熟，早实丰产。

### 2. 红天鹅绒

果实扁圆形，平均单果重100克，最大150克，紫红色，上有一层极柔软的绒毛，果肉橘红色，质地细嫩。黏核，果汁多，风味浓甜，香气浓。可溶性固形物含量为18%～19%品质极佳，耐贮运。

### 3. 佛腾李

原产美国。先后在杨凌、凤翔、岐山、眉县、周至、户县等地种植。幼树树姿直立，结果后逐渐开张。果实近圆形，平均单果重183.5克（疏果后），最大果245克，7月中下红色，汁液多，味甜微酸，品质上等。采收后可贮藏7～10天，耐贮运。

### 4. 盖县李

盖县李原产辽宁省盖县。目前全国各地广为引种。树势强健，树呈半圆形，树姿半开张，枝较直立，一年生紫红色，萌芽率较强，成枝力弱，以短果枝和花束状果枝结果为主。平均单果重100克左右，最大160克以上。果实尖圆形，果梗短，梗洼深，果实底色黄绿，果皮紫红色。果肉淡黄色，肉质松软多汁，风味酸甜适度，有香气，可溶性固形物含量13.5%，品质极上。在原产地7月下旬成熟，在陕西杨凌7月上旬成熟。

### 5. 早红李

早红李又名大实早生，原产日本，20世纪80年代由日本引进早红李树冠圆头形，树姿开张。果实卵圆形，平均单果重34克，最大65克。果面鲜红色，果肉黄色，有放射状红线。肉质细，松脆，细纤维较多：甜酸多汁、微香。可溶性固形物含量为11.5%。黏核，在辽宁熊岳地区果实6月末至7月初成熟，在陕西杨凌6月中旬成熟，是极早熟的鲜食品种，较丰产。该李抗寒、抗病，结果早，早熟，是很有发展前途的李子良种。

### 6. 秋姬李

原产日本，果实近圆形，缝合线明显，两侧对称果面光滑，平均单果重200～300克，果实鲜红色，果肉黄色致密多汁，风味浓甜，有香气。含可溶性固形物18.2%，品质极上，果实极耐贮运，常温条件下可贮存1个月。9月上旬成熟。该品种适应性强，抗寒、抗旱、耐瘠薄，抗病虫能力强。

### 7. 女神

果实长卵形，果梗短，单果重120～160克，果皮蓝黑色奇特美观。果肉金黄色，可溶性固形物含量17.5%，香味浓郁，果实硬质，极耐贮运。树势中庸，强健，树姿开张。自花能结实，授粉品种为黑琥珀和斯太勒。在关中8月下旬前后成熟。

### 8. 玫瑰皇后

原产美国，欧美、大洋洲等地的国家广为栽植现已引进我国。玫瑰皇后李植株长势强旺，枝条直立，成枝力强嫩梢绿色，一年生枝淡黄色，以花束状枝结果为主。平均单果重86克，最大151克。果形扁圆，顶部圆平，缝合线不明显，果粗短；果面紫红，有果粉，果点大而稀；果肉金黄色，肉质细汁液较多，味甜可口，品质上等，可溶性固形物含量13.8%，耐贮运，口味好，很有发展前途。

### 9. 琥珀李

我国从澳大利亚引进，原产美国，系黑宝石李与玫瑰皇后李杂交育成。该李树树势强健，枝条直立，结果后树冠逐渐开张，多年生枝灰褐色，枝条萌芽力高，成枝力弱。以花束状果枝结果枝为主。平均单果重97.5克，最大141克。果皮紫黑色，皮易剥离。果肉绿黄色，肉质韧硬，完全成熟时沙软，风味酸甜多汁，品质上等。可溶性固形物含量为11.2%，常温下果实可存放10天左右。黏核或离核。在陕西杨凌8月上旬成熟。该品种果个大，色泽美，丰产，是很有发展前途的品种之一。

### 10. 黑宝石

原产美国，为美国加州十大主栽品种之首。树势壮旺，成枝力较低，嫩梢棕红色，一年生枝黄褐色，以长果枝和短果结果为主。平均果重72克，最大127克；果形扁圆，顶部平圆，缝合线明显，果柄粗短；果面紫黑色，果粉少，无果点果肉乳白色，质地硬、细，汁多，味甜爽口，品质上等，可溶性固形物11.5%，离核，耐贮运，在0～5℃条件下可贮藏3个月以上。在陕西杨凌9月上旬成熟。该品种晚熟，果个大，丰产，品质上等，耐贮藏，综合性状良好。

### 11. 黑巨王李

又叫黑巨李。品种来自美国，该品种果形扁圆，果巨大，平均单果重208克，最大果重325克，果皮紫黑色，果粉多，果肉致密，味极甜，香味浓，含可溶性固形物16%，品质极上，果核小。果实耐贮运，7月下旬成熟，比佛腾李早熟10天。近几年批发价每斤*2.5元左右。

### 12. 早美丽

果实中型，心脏形，单重45～75克，果面着鲜艳红色，光滑有光泽，果肉淡黄色，质地细嫩，硬溶质，汁液丰富，味甜爽口，香气浓郁，品质上等。可溶性固形物含量13%，果核小、粘核，可食率为97%。在山东泰安6月10—15日成熟。

### 13. 红美丽

果实中大，平均单果重56.9克，最大果重72克，果面光滑，鲜红色，艳美亮丽。果肉淡黄色，肉质细嫩、溶质，汁液较丰富，风味酸甜适中，香味较浓，品质上等，可溶性固形物含量12%，总糖8.8%。在泰安6月20—25日成熟。特点：早熟、丰

---

*1斤=500克，全书同

产、稳产，自花结实。

### 14. 安哥里那

美国加里福尼亚州十大李子主栽品种之一，果实扁圆形，平均单果重102克，最大178克，果顶平，缝合线浅且不明显。果柄中等短，梗洼浅广。成熟果紫黑色。果面光滑而有光泽，果粉少，果点小，果皮厚。果肉淡黄色，近核处果肉微红色，不溶质，清脆爽口，经后熟后，汁液丰富，味甜，香味较浓，品质极上。果核小，可溶性固形物含量15.2%，9月下成熟，果实耐贮存，常温下可贮存至元旦，冷库可贮存至翌年4月。

### 15. 金秋红

果实圆形，高桩，不裂果，果锈极少，硬度好，耐储运综合性状良好。平均单果重150克，大果200克以上，果梗短，果底白黄色，果子成熟前粉红色，完熟后鲜红色，果肉黄白色，汁多味甜，质脆，风味佳。离核，核小，核纹类似桃核果粉厚，外观美，红度好。该品种适应性强，抗寒、抗病、结果早、丰产、稳产树势中庸，树姿自然开张，自花结果，坐果率高，二年生枝易形成花束状，掖花芽可结果，该品种8月中旬成熟。

# 第二章
# 李高效种植技术

## 一、李园规划建设

### （一）园址选择

李树对土壤要求不严，可在砂土、壤土、黏土等不同土壤上栽植，但以土层深厚、肥沃、保水性较好的土壤栽植更好。一般平地、丘陵、山地、沙滩盐碱地上也可以栽植李树。在山地建园时应首先进行工程整地，然后进行栽植；在山坡地低洼处建园时，选择开花较晚的品种较好，能够避免晚霜的危害。杨凌区曾在渭河边土壤pH值7.5～8.1的碱盐沙滩地上成功地进行了李树栽植，并取得了显著的经济效益。因此，大力进行河滩地的开发，可为李树的发展提供更广阔的天地。

### （二）李园规划设计

建园地点选好后，就要进行李园的规划和设计工作。李园规划设计工作包括以下内容：首先进行李园地形图的测绘，作为最基本的原始图保存，然后根据土壤状况、地形和气象、水文资料，写出建园论证报告，确定建园范围，防风林、道路、灌溉系统和建筑物。李园要根据地形划成若干小区。小区是李园经营管理的最基本单位，地势较为平坦的李园，小区的面积约70亩[①]，山地李园小区可小些。平地李园的小区最好是南北向，以利于李园获得较均匀的光照，山地李园的小区应水平设置，长边与等高线平行，以利于水土保持。李园还必须有固定的道路系统，由主路、干路和支路组成。主路要求位置适中，宽7～8米，便于运肥和运送李果。山地李园主路可环山而上，呈"之"字形。道路设置时应与防风林、水渠相结合，尽量少占李园，道路占李园总面积的3%～5%为宜。李园排灌设施也是园地规划的重要组成部分，灌水系统包括干渠、支渠和输水沟。干渠应设在李园高处，以便能控制全园。支渠多沿小区边界设置，再经输水沟将水引入李树盘内渗入土壤。有条件的地方，应大力推广喷灌、滴灌，以节约用水，减少水分的损失。山地或丘陵李园应有蓄水设施。地下水位较高的李园，应挖明沟进行排水，以免雨季长期积水对李园造成危害。

## （三）整地和改土

平地建立李园，可按规划设计的株行距，开挖定植穴，施入有机肥，以备栽植。若是在沙地建园，则必须先进行土壤改良，方法是在沙中掺土和有机肥，用黏土1份、沙土2～3份，再混入一定数量的有机肥。将三者拌匀后填入栽植坑，以后每年进行扩穴、掺土、施肥，可有效地改变土壤的物理状况。山地建园时，可结合整修梯田和鱼鳞坑进行土壤改良工作。盐碱地建园时，最有效地排除盐碱的方法是在李树行间挖排水沟，将树盘修成台，可使盐碱顺水排出。

---

①　1亩≈667米$^2$，全书同

# 二、李树栽培方法

## （一）栽植方式

### 1. 长方形栽植

这种栽植方式的好处是行距大于株距，通风透光好，便于管理。

### 2. 正方形栽植

特点是株行距相等，光照好，管理方便。

### 3. 等高栽植

适宜于山地李园，按一定的株行距将李树栽植在同一条等高线上。此外，还有带状栽植、三角形栽植等方式。

在土壤条件好、田间管理水平一般的李园，株行距可采用2米×4米或3米×5米，山地、沙滩土壤瘠薄的地方可采用3米×4米。

## （二）授粉树配置

李树有些品种自花结实率较低，所以在建园时除考虑主栽品种外，还应配置一定数量的授粉树，才能提高产量。

授粉品种应与主栽品种花期相近，花粉数量多且与主栽品种亲和力良好。授粉树配置的比例：2行主栽品种，1行授粉品种；或3行主栽品种，1行授粉品种。也可以考虑每8株主栽品种和1株授粉树进行配置。

## （三）栽植方法

平地李园栽植时，先按株行距做好测绳的标记，然后在栽树的田块四周定点，将测绳沿两对边平行移动，每移动一次，即可确定一个定植点，用石灰做好标记。地形较为复杂的山地李园，先进行工程整地，然后栽树。定植点确定后，即可进行定植穴的开挖，一般坑深80厘米、直径100厘米，挖坑时表土放在一边，心土放在一边，然后将有机肥与土壤拌匀，回填时先填表土，再填底土，灌水沉实。春季栽植时，在定植点挖一小穴，将李苗放在定植穴中央，使根系舒展，然后培土，土深以苗木原来在苗圃内生长时留下的土印为准。填土时要把苗木轻轻向上提动，把根系舒展开，边填土边踩实，使土壤与根系充分结合。在树干周围修树盘，灌足定根水。待水完全下渗后，在树盘上撒上一层细土，并将苗木扶直。

## （四）栽后管理

### 1. 定干

李树栽植后要及时定干，一般干高50～60厘米，再留20厘米的整形带，共剪留70～80厘米。整形带内要留饱满芽，以利于发出健壮枝条，选留作主枝用。其余的不充实枝芽要及时剪除，可减少树体的水分蒸腾。

### 2. 堆土防寒

在冬季严寒地区栽植李树，为防止冬春发生冻害，可于入冬前在离苗木50厘米的西北面，堆成月牙形土堆防寒，等开春苗木萌芽后再撤除土堆。

### 3. 灌水

秋季栽植的李树，入冬前要灌封冻水，水分下渗后及时松土。开春苗木萌芽前也需及时灌水，以利于芽的萌发。

### 4. 检查成活率及补苗

秋季栽植的李树，在开春树木萌芽时，要及时检查苗木成活情况，发现死苗时，要及时补植同龄苗。

### 5. 防治病虫害

早春苗木发芽时，易受金龟子和蚜虫为害，所以要注意观察，及时进行人工捕捉或药剂防治。

# 三、李园田间管理

## （一）土壤管理

### 1. 扩穴

为了促进李树根系的生长发育，保证树体健壮生长，对于栽植在较为黏重土壤的李树苗，必须进行扩穴。深翻扩穴的时间最好是秋季，因为这段时间是根系生长的高峰，因扩穴而切断的根系，能够很快愈合；而且秋季是个多雨的季节，即使扩穴后不能灌水，雨后也可使穴内踏实，使根系很快恢复生长。扩穴时要从里向外翻，深60厘米左右，翻出的表土放在一边，下层土放在一边，回填时表土放底下，生土放上面，在放肥或杂草时应尽量拌匀，分层放入，以免肥料发酵后烧伤幼根。在深翻扩穴时，应尽量避免伤根过多。超过筷子粗的根系，注意不要切断，外露根系要用土暂时埋住，回填时将根系放入下层。深翻扩穴的沟，要随挖随填随灌水，不要因为干旱时间过长而影响地下部分根系的生长。

### 2. 翻耕

李园翻耕能够提高土壤孔隙度，增强土壤保水、保肥能力及通气透水性。翻耕结合施肥，还可以使土壤中微生物数量增多，活性加强，从而加速有机质腐烂和分解，提高土壤肥力，使根系数量增加，分布变深，对于瘠薄的山地、黏土地效果更为显著。这是加速土壤熟化最有效的手段，深耕也可以消灭杂草，减少李果病虫害的发生。

深耕的时间最好是在树体休眠以前进行，此时地上部分已经停止生长，树体内的营养物质向主干、根颈及根系运输储存，而根系也常常在这个时期出现第二或第三次生长高峰。切断根系，可使营养物质停留在断伤处以上，不致树体由于根系的切断而受损失。并可在休眠前产生相当多的新根，为第二年春季生长创造条件。深耕通常从秋季开始，一直到冬季封冻前为止，因此，可随李树品种成熟期的早、中、晚逐步进行。在干旱季节深耕时，由于蒸发量大，所以必须及时灌水，否则会导致土壤更加干燥。

深耕的深度取决于土壤质地和土层结构。砂壤土一般深耕到40～60厘米为宜。河滩地，底层为很深的粗砂或砾，深耕后反而漏水、漏肥，不宜太深。

深耕在李树的行间或株间进行。深耕沟的两侧距主干应达1米，以免伤大根。深耕时若能将厩肥、绿肥及饼肥等混杂在翻耕的土壤中，将更有效地起到改良土壤的作用。随着深耕这些肥料可施用在根系的主要分布层附近，以便吸收。

在深耕时，应尽量少损伤直径1厘米以上的根系，根系不要在土壤外暴露的时间过长。深耕后要及时灌水，使土层自动下沉，使根系与土壤密切接触。

### 3. 间作

间作是在李园内合理利用土地，增加经济效益，发展立体农业，达到以地养树、以短养长、以园养园的目的。李园未挂果以前收入少，进行合理的李粮、李药、李菜间作，是李园经济收入的主要来源。在山坡地李园间作，可以减少土壤冲刷，截留地表径流，对于园内的水土保持大有益处。沙滩地李园间作时，通过间作物的遮阴作用可以降低土壤温度，有利于夏季高温时李树的根系活动。同时，间作物和李树一样，在生长过程中需要一定的肥水，应注意及时灌水、施肥，以保证李树的正常生长结实。适宜于李园间作的作物种类如下。

（1）豆类。如绿豆、黄豆、红小豆、豌豆、黑豆、花生等，我国南北方均能种植。这类作物有根瘤菌，具有固氮作用，生长期短，可以在一年中轮种数次，特别是在瘠薄的山地李园套种，对于增加土壤肥力，有一定的作用。

（2）蔬菜类。一切叶菜及根类蔬菜均可以在李园中种植，其经济价值较高，但需要充足的肥水供应，并精耕细作，才能获得丰收。

（3）药用植物。种植中草药经济效益高，如丹参、沙参、白菊花、牛夕、黄芪等，对改良李园土壤非常有利。

（4）薯类。如马铃薯、甘薯等，薯叶可以还田肥田，起薯时还可以深翻熟化土壤。

李园间作蔬菜时，可隔年种植，因为种植蔬菜浇水多、虫害也多，对李同不利，在间作时也要留出树盘，行间保持30～40厘米的清耕带，以不影响李树正常生长为宜。

### 4. 其他措施

（1）中耕除草

中耕可以切断土壤毛细管，减少土壤水分蒸发。中耕的同时，也可以消灭李园的杂草，减少土壤水分的无益消耗。早春中耕，还可以使土壤的温度显著提高，有利于根系的生长和土壤中微生物活动。

春季中耕应在花前浇水后进行，深度为10～15厘米，可以有效地提高地温。在果实近硬核期地面杂草较多时，结合灌水进行第二次中耕，深度为5～10厘米。夏季为了消灭杂草，保持土壤通透性，要进行多次浅耕或除草。果实采收后要进行1次秋耕，深度为15厘米左右。

李园除草，要做到"除早、除小、除了"。对于面积较大的李园，人工除草有困难时，要利用化学药剂。除草剂除草是一种高效低成本、行之有效的好方法。目前，在生产上已被广泛利用。除草剂的类型，按作用途可分为触杀剂、内吸剂和土壤残效型三三大类。防治1年生杂草多用触杀剂，它能杀死接触到药液的茎、叶，主要药剂有百草块、除草醚等。

喷洒内吸型除草剂被植物吸收后，能遍及植株全体而影响根系，因而能杀死多年生杂草。内吸型除草剂主要种类有2，4-D、茅草枯等。

土壤残效型药剂，主要通过植物根系吸收来杀死杂草，并能保持较长的药效，如敌草隆、敌草脂、西玛津等。

（2）李园覆盖

覆盖能够改良土壤结构，增加土壤有机质的含量，又能减少土壤水分的蒸发，并能抑制杂草的丛生，调解土壤的温度，有利于根系的生长，这是旱地李园目前最有效的保墒措施。

①绿肥覆盖。山坡地李园可在田埂广种绿肥，滩地李园可在行间广种绿肥。在绿肥开花期，将其割倒覆盖在树冠下，厚度为15厘米以上。

②杂草覆盖。用杂草覆盖可以就地取材，在杂草种子没成熟前割倒覆盖于树下，也可以在行间种草，进行株间树冠下覆盖。

③秸秆覆盖。将麦秸或玉米秸切成15厘米长的区段，覆盖于

树盘上，距主干15厘米，以防鼠害。覆草后上面用土轻压，防止被风吹走，覆草厚度为10～15厘米。坚持2～3年，对李树生长大有益处。

## （二）合理施肥

合理施肥是保证李树正常生长发育和丰产的重要措施之一，也是提高土壤肥力，改善土壤团粒结构的重要措施。

### 1. 基肥

基肥是迟效性的有机肥料，也是李树生长期间的基础肥料。有机肥中含有丰富的有机质和腐殖质，以及李树需要的大量元素和微量元素，为完全肥料，其养分主要以有机状态存在，须经过微生物发酵分解，才能被李树吸收利用。基肥种类有人畜粪尿、秸秆、杂草、落叶、垃圾等（利用微生物活动使之腐败分解而成的堆肥），以及炕土、河泥、陈墙土、豆饼、花生饼等。

基肥以秋施较好，此时正值根系生长高峰，断根容易愈合，而且肥料腐熟分解充分，矿质化程度高，翌春可及时供李树吸收利用，部分肥料还可以当年被树体吸收，有利于树体营养物质的积累。

施肥量的多少，要根据树龄、冠幅、生长势、结果量、土壤肥力状况以及历年的施肥情况而定。定植的第一年小树，每年施入50千克左右基肥。进入结果期，基肥的施用量至少要做到"斤果斤肥"或"斤果2斤肥"。

基肥施入时多采用如下办法：①环状沟施肥法，在树冠外缘挖一环状沟，宽35～40厘米、深50～60厘米，将肥料施入沟中而后覆土。此种办法操作简单，用肥经济集中。②沟状施肥法，第一年在树冠外缘东西两侧挖宽35～40厘米、深50～60厘米的两条沟，将肥施入后覆土。第二年在树冠南北方向进行开沟，交替施肥，这种方法施肥面积较大，适宜于盛果期大树。③全园施肥法，将有机肥撒在全园，然后翻耕入土中。这种方法适宜于密植园。翻耕时一定要深，不然根系容易上移。

### 2. 追肥

追肥常以化学肥料为主，化学肥料营养成分含量高、肥劲大、肥效快，但不含有机质，肥效不长，单独使用会使土壤结构变坏，应注意配合使用。李树的追肥时期大体有以下3个阶段。

①发芽前或开花前追肥。这时虽然树体内积累了一些养分，也施了基肥，但仍不能满足春季开花和生长大量消耗养分的需要，此时追肥，对提高受精率、减少落花落果、促使新梢旺盛生长有一定作用。施肥的方法是在树冠外缘，挖长60厘米、宽20厘米、深40厘米的3条沟，施肥量每株树（初果期）为0.4～0.7千克，以氮、磷、钾肥为主，比例为1：2：1。

②幼果膨大期追肥。此时追肥的主要目的是促进幼果膨大，减少落果，促进叶片生长，增大光合作用的面积。这次追肥以速效氮肥为主，适当增加一些磷酸二氢钾复合肥料，每株树0.5千克。也可进行根外追肥，喷0.4%～0.5%的尿素，使叶片增绿，枝条迅速生长，果实加速发育。

③采果后追肥。结合施有机肥，追施磷、钾肥，这样才能获得丰产。

### （三）灌水及排涝

### 1. 灌水时期

水是果树的生命物质，土壤中的一切营养物质必须有水的参与才能被果树吸收利用。李园灌水应抓住以下几个关键时期。

（1）花前灌水

春季北方气候干燥，对李树萌芽、开花、坐果十分不利。花前灌水会使花芽充实饱满，保持花芽有一定的水分和养分，为授粉良好和提高坐果率打好了基础。

（2）幼果膨大期灌水

此时是李树需水的临界期，这个阶段水分不足，不仅抑制了新梢生长，而且影响果实发育，甚至引起落果，是李树丰产稳产最重要的一环。

（3）越冬水

一般在11月上旬李树落叶后、土壤封冻前进行。主要作用是使土壤保持一定温度，促进根系生长，增强对肥料的吸收和利用，提高树体的抗寒越冬能力。

2. 灌水方法和数量

（1）地面灌水

地面灌水是生产上最常用的灌水方法，可分为漫灌、树盘灌水和沟灌。地面灌水简单易行，但耗水量大，土壤易冲刷板结，盐碱地则容易泛碱。

（2）地下灌水

可埋设地下多孔管道送水，具有节水、不发生土壤板结和养分冲刷流失等优点，且便于李园耕作，但投资较高。

（3）喷灌

分固定式喷灌和移动式喷灌两种。喷灌省工节水，保土保肥，受地形地势的影响小，并能改善小气候条件，有利于植株生长发育。

（4）滴灌

在树盘根际处设喷嘴，按一定的速度自动控制水滴，调节供水量，使土壤经常保持适宜的湿度，比喷灌省水。

最适宜的灌水量应在一次灌溉中使李树根系分布范围内的土壤温度达到最有利于李树生长发育的程度。灌水量多少应根据树龄、树势、土质、土壤湿度、雨量和灌水方法而定。土质黏重、雨水多的地方少灌，沙地李园保水保肥力差，灌水要少量多次，以免水、肥流失。也可以凭经验判断土壤含水量，从而确定灌水量。

### 3. 排涝

李园若是地势低洼或处于地下水位过高处，在阴雨季节很容易积涝，积水易造成根部缺氧窒息，醇类物质积累使蛋白质凝固，导致根腐而死亡。砂壤土的最大持水量为30.7%、壤土的最大持水量为52.3%、黏壤土为60.2%，或黏土为72%时就应及时排水，排水可分为明沟排水与暗管排水，明沟由总水沟、干沟和支沟组成。具有降低地下水位的作用，投资较少。暗管排水是在李园的地下埋设管道，由干管、支管和排水管组成，分别将土壤中多余的水分逐级排除，其优点是不占地，不影响地上作业。

### （四）疏花疏果

疏花是疏除晚开花、畸形花、朝天花和无枝叶的花。要求留枝条上、中部的花，疏花量一般为总花量的1/3。疏果要先疏去双果、小果和果形不正的果。留果时，果枝所处的部位不同，留果量也不一样。树体上部的结果枝要适当多留果，下部的结果枝要少留果，以果控制旺长，达到均衡树势的目的。树势强的树多留果，树势弱的树少留果。疏果标准应根据果枝和果大小而定，一般花束状果枝留1个果。短果枝，小果型品种留1~2个果，中果和大果型品种留1个果。中、长果枝，小果型品种间隔4~5厘米留

1个果，中果型品种间隔6～8厘米留1个果，大果型品种间隔8～10厘米留1个果。

### （五）套袋

#### 1. 套袋时间

套袋在疏果定果后进行，时间应掌握在主要蛀果害虫入果之前。套袋前喷1次杀虫杀菌剂。黑宝石李适宜的套袋时间是在第二次生理落果基本结束时进行。

#### 2. 套袋操作

将袋口连着枝条用麻皮和铅丝紧紧缚上，专用袋在制作时已将铅丝嵌入袋口处。无论绳扎或铅丝扎袋口均需扎在结果枝上，扎在果柄处易使果实压伤或落果。

#### 3. 摘袋时间

因品种和地区不同而异。鲜食品种采收前摘袋有利于着色，一般采前5～7天摘袋。不易着色的品种，摘袋时间在采前7～10天摘袋效果最好。摘袋宜在阴天或傍晚时进行，使李果免受阳光突然照射而发生日灼，也可在摘袋前数日先把纸袋底部撕开，使果实先受散射光之后再逐渐将袋体摘掉。

## 四、果实采收

### （一）采收期的确定

李果采收期的确定，应根据品种和用途的不同而定。主要取决于果实的成熟度、采后用途、贮藏方法、运输方式和距离及市场需要、气候条件等方面因素。

　　李果的成熟特征是绿色逐渐减退，显出品种固有的颜色。大部分品种的果面有果粉，有的有明显的果点，肉质稍变软。红色品种在果实着色面积占全果将近一半时为硬熟期，80%～90%着色时为半软熟期。黄色品种在果皮由绿转为绿白色时为硬熟期，果实呈淡黄绿时为半软熟期。李果采收必须适时，采收过早风味不佳；采收过迟，风味减退，更不利于贮藏。

## （二）采收技术

### 1. 采前准备

　　采收前一定要精心准备采摘、盛果的工具，运输车辆和放果的棚舍或场地。在采摘前先做好估产，估产的方法是按总株数的1%～3%选为代表性的树，逐一调查每棵树上果实的个数，取平均株果个数乘以平均单果重，再乘以总株数即知全园总产量。鲜食果每个熟练工人每天可采收200千克左右，加工用果每人每天可采收300千克以上。

### 2. 采收方法

　　人工采摘是当前的主要采收方法，即用手轻轻托住果实，食指抵住果柄基部，轻轻向上一掀即可。摘下的果实先轻轻放在铺有毛纸或布的篮子或布兜里，装满后再拣入果箱。每箱装填要适量，不可过多过高，以免挤压。

### 3. 注意事项

　　①在采收的当日以上午10—12时和下午3时以后采摘为宜。这样既可避免早上的露水污染果面，又不会使果实温度太高，有利于下一步的贮藏保鲜和运销。②采收时要防止一切机械损伤，如指甲伤、碰伤、摔伤、压伤等。要轻摘、轻放、轻装、轻卸，并

要防止碰伤枝条、折断果枝、破损花芽。必须严格按照采收顺序和方法采摘。在同一株树上采收，应先外后内、先下后上。摘果时用手托住果实，食指按住果柄与果枝连接处，将李果扭向一方或向上轻托，使果实与树枝分离，注意保护果面的蜡粉。③由于不同株间、同一株间不同部位的果实成熟度有很大差异，为了提高商品价值，应分批采收。

### （三）贮藏和运输

需贮藏的李果在八成熟时采收，采收后应经过6～12小时预冷，贮藏最适温度在0～1℃，空气相对湿度为90%～95%。贮藏期限因品种而异，最佳时间为45～90天。出库前1～2天要升温，与外界保持6～8℃的温差时才可出库。

李果的运输工具最好具备冷藏设施。运输李果必须做到：①运输车辆清洁，不带油污及其他有害物质。②装卸操作轻拿轻放，运输过程中尽量快装、快卸，并注意通风，防止日晒雨淋。③运输温度控制在0～7.2℃（视成熟度与运输距离而定）。如果使用不具冷藏设施的普通汽车运输，应避开炎热的天气，以夜间行车为好，力求做到当日采收、当日预冷、当日运输。

# 第三章
## 李主要病害及防治

## 一、李树红点病

### （一）发病症状

李树红点病又称叶肿病，以四川、重庆、云南、贵州等地发生较多。开始为害叶片，后期则为害果实。

李树叶片染病时，先出现橙黄色、稍隆起的近圆形斑点，后病部扩大，病斑颜色变深，出现深红色的小粒点（图3-1）。后期病斑变

图3-1　李树叶片正面症状

成红黑色，正面凹陷，背面隆起，上面出现黑色小点（图3-2）。发病严重时，病叶干枯卷曲，引起早期落叶。

李树果实染病（图3-3）时，在果皮上先以皮孔为中心产生水渍状小点，橙红色，稍隆起，无明显边缘。当病部扩展到2毫米时，病斑中心变褐色，近圆形，暗紫色，边缘具水渍状晕环，中间稍凹，表面硬化粗糙，呈现不规则裂缝的病斑，达35毫米左右。最后病部变为红黑色，其上散生许多深红色小粒点，病果常畸形，易提早脱落。当湿度大时，病部可出现黄色溢腕，病果早期脱落。

图3-2　李树叶片背面症状　　　　图3-3　李树果实发病症状

## （二）发生规律

子囊壳在李树病叶上越冬，翌春开花末期，产生大量子囊孢子，随风雨传播。分生孢子在侵染中不起作用。此病从展叶期至9月中旬均可发病，7月中旬为发病高峰，多雨年份或雨季发病重，低温多雨年份或植株和枝叶过密的李园发病较重。

（三）防治方法

（1）萌芽前喷5波美度石硫合剂，展叶后喷0.3～0.5波美度石硫合剂。

（2）李树开花期及叶芽萌发期，喷洒0.5∶1∶100倍式波尔多液、70%代森锰锌800倍液、琥珀酸铜0.5%溶液或70%甲基托布津800倍液进行预防保护。

（3）加强果园管理，彻底清除病叶，病果集中烧毁或深埋。秋翻地春刨树盘，都可减少侵染来源。并注意排水，勤中耕，避免果园土壤湿度过大。

## 二、李袋果病

（一）发病症状

主要为害果实，也为害叶片、枝干。在落花后即显症，初呈圆形或袋状，后变狭长略弯曲（图3-4），病果表面平滑，浅黄至红色，失水皱缩后变为灰色、暗褐色至黑色（图3-5），冬季宿留树枝上或脱落。

图3-4　果实为害初期　　　　图3-5　果实为害后期

病果无核，仅能见到未发育好的雏形核。叶片染病，在展叶期变为黄色或红色，叶面肿胀皱缩不平（图3-6），变脆。枝梢受害，呈灰色，略膨胀，弯曲畸形、组织松软；病枝秋后干枯死亡，发病后期湿度大时，病梢表面长出一层银白色粉状物。

图3-6　叶片为害状

（二）发生规律

病菌以子囊孢子或芽孢子在芽鳞缝内或树皮上越冬，翌春李树花芽萌发时，芽孢子生芽管，直接穿透表皮或自气孔侵入嫩叶。当年病叶产生的子囊孢子及芽生孢子于春末夏初成熟，4—5月时发生严重，借风力传播，但由于时值高温，一般不再侵染，1年只侵染1次，随着气温升高，停止发展，气温超过30℃即不发病。春季低温多雨时利于该病发生，江河沿岸、湖畔、低洼地亦多发此病。

（三）防治方法

（1）秋末或早春及时剪除带病枝叶、清除病残体，或在病叶表面还未形成白色粉末状之前及早将其摘除，减少病源。

（2）早春李芽膨大而未展叶时，喷4～5波美度石硫合剂。

（3）展叶前喷0.1%硫酸铜溶液也可有效进行防治。

## 三、李果锈病

### （一）发病症状

李果锈病主要发生在幼果期，在李果面上产生类似金属锈状的木栓层（图3-7），影响果品的商品价值。

图3-7 果锈病症状

### （二）发生规律

在幼果期，喷施含铜的波尔多液，常可导致果锈发生，霜害、病害、机械损伤等也可引发果锈。另外，叶果摩擦，喷药时压力过大可直接破坏果实表面的角质层，使其产生果锈。

## （三）防治方法

改善树体通风透光状况，疏花疏果，增强树势，可防止果锈严重发生。花后喷施40%多菌灵胶悬剂600～1 000倍液，每隔10天左右喷1次，共2～3次，可代替波尔多液防治多种病害。

# 四、李褐腐病

## （一）发病症状

李褐腐病又称李实腐病，果实受害，初为褐色圆形病斑（图3-8），几天内很快扩展到全果，果肉变褐软腐，表面生灰白色霉层（图3-9）。叶片染病，初生圆形或近圆形病斑，边缘紫色，略带环纹（图3-10）；后期病斑上长出灰褐色霉状物，中部干枯脱落，形成穿孔（图3-11），穿孔的边缘整齐，穿孔多时叶片脱落。

图3-8 果实发病初期症状

图3-9 果实发病后期症状

图3-10　叶片为害初期症状　　　　图3-11　叶片为害后期症状

（二）发生规律

为害李树的花和果实，贮运期间的果实也可受害。病菌通过花梗和叶柄向下蔓延至嫩枝，并进一步扩展到较大枝上，形成灰褐色长圆形溃疡病斑，病斑上生灰色霉丝。果实成熟期发病快，形成弱果不落。

（三）防治方法

（1）及时防治虫害，减少果实伤口，防止病菌从伤口侵入。

（2）早春萌芽前喷1次5波美度石硫合剂或1∶2∶120波尔多液。在李树开花70%左右时及果实近熟时喷布70%甲基托布津或50%多菌灵1 000～1 500倍液。落花后10天至采收前喷50%多菌灵800～1 000倍液、65%代森锌500倍液、75%百菌清800～1 000倍液、70%甲基托布津800～1 000倍液等。

（3）再装箱贮藏和运输。果实采收后用氯硝铵（浓度2.10～5.25毫克/千克）或苯来特（浓度为0.70～1.75毫克/千克）溶液处理，可以减轻贮藏期果实腐烂。

（4）冬剪去病果。及时剪除病枝，彻底清除病叶，集中烧毁或深埋，减少病源。

## 五、李轮纹病

### （一）发病症状

李果实染病，果面初现淡褐色小点，渐扩大为深褐色大的病斑（图3-12），果实脱落或失水皱缩。枝干染病，病部褐色干缩、流胶，绕干一周致上部枯死。

图3-12　轮纹病病果

### （二）发病规律

病菌以菌丝体在枝干病部或落地僵果中越冬。翌年果实近成熟期，果实近成熟期发病重；特别是多雨年份利于病害流行，致果大量腐烂。

### （三）防治方法

（1）农业防治。加强果园管理，增施有机肥和磷、钾肥，适时灌排水，壮树防病，促使果实发育良好，减少裂果和病虫伤；

合理修剪，保持果园通风透光良好，冬春季彻底清理树上的枯死枝和地面落果，并集中烧毁。

（2）药剂防治。春季萌芽前，用3~4波美度石硫合剂或1：2：200倍式波尔多液喷布枝干，消灭枝干上的越冬病菌。

# 六、李缩叶病

## （一）发病症状

缩叶病又名疯叶病，是李、桃、梅、杏等产区的一种较普遍的病害。病叶皱缩扭曲（图3-13），叶肉增厚，质脆，由灰绿色逐渐变为红褐色，最后变为褐色，干枯脱落；嫩梢发病，簇生，卷缩扭曲；幼果感病呈现红色或黄色病斑，逐渐变为褐色，随即脱落。

图3-13 缩叶病症状

## （二）发生规律

主要为害叶片，也为害嫩枝及花和幼果。

## （三）防治方法

（1）冬季清园时，要及时将病枝、病叶、枯枝等集中无害化处理，严禁随意丢弃或堆放。

（2）结果期要做好果园管理及修剪整枝，促进果树长势，提高果树自身抗病能力。缩叶病只在早春侵染，要抓住时机喷药防治，即可获得理想的防治效果。

（3）在开花末期和叶芽开放时各喷1次1%波尔多液；病情较重可在5—6月喷1次80%代森锰锌可湿性粉剂500倍液。

# 七、李流胶病

## （一）发病症状

流胶病主要为害李树1～2年生枝条，受为害后李树枝条皮层呈疱状隆起，随后陆续流出柔软透明的树胶，树胶与空气接触后变成红褐色至茶褐色（图3-14），干燥后则成硬块，病部皮层和木质部变褐坏死，影响树势，重者部分枝条干枯乃至全株枯死（图3-15）。

图3-14　流胶状　　　　　图3-15　枝条为害状

## （二）发生规律

此病全年均有发生，以高温多雨季节为多见。

## （三）防治方法

（1）及时清园松土培肥，挖通排水沟，防止土壤积水。增施富含有机质的粪肥或麸肥及磷钾肥，保持土壤疏松，以利根系生长，增强树势，减少发病。科学修剪，剪除病残枝及茂密枝，注意不要损伤树干皮层，调节通风透光，雨季注意果园排水措施，保持适当的温湿度。结合修剪，清理果园，减少病原。

（2）及时防治天牛等蛀干害虫，消除发病诱因。采取人工捕杀幼虫或用乐斯本1 000倍液或农地乐1 000倍液喷杀成虫，减少害虫咬伤钻伤树皮、树干，保护枝干，减少发病。

（3）晚秋枝干涂白，防止日灼。对伤口要及时涂保护剂保护，减少树体伤口。涂1%甲紫溶液，75%百菌清可湿性粉剂300倍液或50%多菌灵可湿性粉剂300倍液和波美5度石硫合剂。

# 八、李炭疽病

## （一）发病症状

炭疽病主要为害果实，也能为害新梢和叶片。幼果受害时，先出现水渍状褐色病斑，逐步扩大呈圆形或椭圆形红褐色病斑，病斑处明显凹陷。气候潮湿时长出粉红色的小点，果实成熟期最明显的症状是病斑呈同心环状皱缩。病果绝大多数腐烂脱落，少数呈僵果挂在枝上，枝条受害后，产生褐色凹陷的长椭圆形病斑，表面也长出粉红色小点，枝条一边弯曲，叶片下垂纵卷成筒状。叶片感病，开始为红褐色病斑（图3-16），逐渐变为灰褐色，随病斑扩大，叶片焦枯，枯斑上散生呈同心轮纹状排列的小黑点（图3-17）。

图3-16　叶片症状

图3-17　病叶上散生小黑点

## （二）发病规律

病菌以菌丝体在病梢组织内或树上僵果中越冬。翌年早春产生分生孢子随风雨、昆虫传播，侵害新梢、幼果和叶片，进行初侵染。管理粗放、留枝过密、地势低洼、排水不良、树势衰弱、多雨年份和潮湿环境发病重。

## （三）防治方法

（1）农业防治。加强果园管理，增施磷、钾肥以壮树抗病；冬春季彻底清理树上的枯枝、落叶和僵果，并集中烧毁或深埋以减少初侵染源；生长季节及时剪除病枯枝和病果并及时销毁，防止病部产生孢子再侵染。

（2）药剂防治。芽萌动前枝干均匀喷布1∶1∶100倍式波尔多液或3～5波美度石硫合剂。花谢后喷洒70%甲基硫菌灵可湿性粉剂700倍液，或用50%多菌灵可湿性粉剂600倍液，或用25%溴菌腈可湿性粉剂800倍液，或用75%百菌清可湿性粉剂500倍液等。10～15天1次，连防2～3次。

# 九、李腐烂病

## （一）发病症状

李树腐烂病亦称腐朽病。病害多发生在主干基部，病初期病部皮层稍肿起，略带紫红色并出现流胶，最后皮层变褐色枯死，有酒糟味，表面产生黑色突起小粒点（图3-18）。也发生于根部、枝干和果实，雨季易复发和传播，发病的根部和果实较难治愈。染病的李树表现为枝条枯死，大枝及树干形成溃疡斑，严重削弱树势（图3-19）。发病严重时可使整株死亡。

图3-18　李腐烂病初期症状　　　图3-19　李腐烂病后期症状

## （二）发生规律

李树腐烂病由几百种土携细菌或真菌引致的植物病害，特征是植物解体腐败。腐朽可以是硬的、干的、海绵状的、或是多水的、粥糜状或黏性的。损害缓慢，常经多年。经伤口发生侵染。4月下旬第一个高峰期，8月第二个高峰期，10月病情将会变缓。

## （三）防治方法

（1）选排水良好而有机质含量高的良好土壤种植无病植株及

抗病品种。选择当地抗逆性强的树种。

（2）轮作，加强经营管理，通风透光，提高植株抗逆性。合理施肥、灌水和修剪，防治鼠、昆虫、线虫和杂草。避免、减少枝干的伤口，并对已有的伤口妥为保护、促进愈合。防止冻害和日灼。

（3）用愈合剂、绿亨丁子香芹酚涂抹枝干和果实，发现病源及时清除并消毒。发病前，绿亨丁子香芹酚600倍液稀释喷洒，15天用药一次。或用绿亨6号1 000倍液稀释喷施主干和枝干，钙加硒按1 000倍液稀释喷洒或38%恶霜菌酯1 200倍液喷洒15天用药一次。

## 十、李疮痂病

### （一）发病症状

李疮痂病，别名黑星病、黑点病。该病主要为害果实、叶片和新梢。发病时多在果实肩部产生暗褐或暗绿色圆形斑点，果实近成熟时病斑发展成紫黑色或黑色（图3-20）。病斑侵染仅限于表层，表皮组织木栓化，随果实生长，病果生龟裂呈疮痂状。叶片病斑多出现在叶背（图3-21），形状不规则，初为灰绿色病斑，后变成褐色或紫红色，最后病斑干枯或穿孔。发病严重时造成果实、叶片脱落。枝梢被害呈暗褐色椭圆形病斑（图3-22、图3-23），常发生流胶现象。

### （二）发生规律

以菌丝体在枝梢病组织中越冬。翌年春季，气温上升，病菌产生分生孢子，通过风雨传播，进行初侵染。在我国南方李区，5—6月发病最盛；北方李园，果实一般在6月开始发病，7—8月

发病率最高。果同低湿，排水不良，枝条郁密等均能加重病害的
发生。

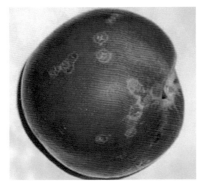

图3-20　果实为害状

图3-21　李疮痂病病叶

图3-22　新梢为害初期

图3-23　新梢为害后期

（三）防治方法

（1）秋末冬初结合修剪，认真剪除病枝、枯枝，清除僵果、
残桩，集中烧毁或深埋。注意雨后排水，合理修剪，使果园通风
透光。

（2）早春发芽前将流胶部位病组织刮除，然后涂抹45%晶
体石硫合剂30倍液，或喷石硫合剂加80%的五氯酚钠200～300倍

液，或用1∶1∶100波尔多液，铲除病原菌。

（3）生长期于4月中旬至7月上旬，每隔20天用刀纵、横划病部，深达木质部，然后用毛笔蘸药液涂于病部。可用70%甲基硫菌灵可湿性粉剂800～1 000倍液50%福美双可湿性粉剂300倍液、80%乙蒜素乳油50倍液、1.5%多抗霉素水剂100倍液处理。

# 十一、李黑斑病

## （一）发病症状

李黑斑病是李树重要病害，为害叶片、小枝和果实。叶片染病产生紫褐色圆形病斑（图3-24），病斑周围有淡黄色晕圈，后期造成穿孔（图3-25）。新梢染病，产生暗绿色水渍状病斑，病斑绕梢1周时枝枯死。果实染病，初生水渍状褐色小斑，逐渐扩展成紫褐色近圆形病斑，略凹陷（图3-26），湿度大时可产生黄色黏液，内有大量细菌，近成熟时产生裂纹。

图3-24　黑斑病叶片初期症状　　　图3-25　黑斑病叶片后期症状

图3-26　黑斑病果实症状

（二）发生规律

病菌在枝条上病组织中越冬，翌年春季细菌开始活动，溢出菌液，借风雨和昆虫传播，经叶片气孔、枝条叶痕、芽痕及果实皮孔侵入。一般于5月开始发病，7—8月为发病盛期。气温在19～28℃，相对湿度70%～90%，利于发病，雨水频繁或多雾，发病重；大暴雨多时，因菌液多被冲刷到地面，不利于发病。树势强发病轻，树势弱发病早且重。早熟品种发病轻，晚熟品种发病重。

（三）防治方法

（1）加强果园综合管理，增施有机肥，提高树体抗病力。

（2）土壤黏重和地下水位高的果园，要注意改良土壤和排水；选栽抗病品种，进行合理整形修剪，使之通风透光。

（3）冬季剪除病枝，早春刮除枝干上病斑并用25～30波美度石硫合剂涂抹伤口，减少初侵染源。

（4）清除越冬菌源，结合冬夏季修剪，及时剪除病枝，清扫病枝落叶，集中烧毁。

（5）喷药保护。发芽前喷洒石硫合剂或1∶1∶100波尔多液，发芽后喷72%农用链霉素可溶性粉剂或硫酸链霉素3 000倍液，半月喷1次，连喷2～3次。也可采用代森铵、新植霉素、福美双等在常规使用浓度下喷洒，果实生长期适当增加药剂防治次数。

# 十二、李白粉病

## （一）发病症状

主要为害李树的新梢、嫩叶和幼果。嫩叶发病初期产生淡黄色半透明小斑，以后逐渐扩大，在叶表面形成一层白粉，严重时可引起提早落叶。新梢、幼果上的病斑与嫩叶相似，表面覆盖一层白粉（图3-27），果实病部表皮变粗呈木栓化，严重时可引起落果。

图3-27　果实和叶片白粉病症状

## （二）发生规律

病原为半知菌亚门粉孢菌。病菌以菌丝体在病株的芽鳞片间存活越冬，翌年芽萌动时，病菌扩散蔓延；病菌随风雨传播，气候温暖干旱，早晨有雾或有露水时或湿度较大时有利于发生流行。5月上旬到6月下旬为发病盛期。

## （三）防治方法

（1）加强李园栽培管理。增施磷、钾肥。增强树势，提高抗病力。

（2）化学防治，发病初期用25%粉锈宁可湿性粉剂1 000倍液防治，隔15天再喷一次，或用50%多菌灵250倍液，隔7～10天喷一次，共两次。

# 十三、李根癌病

## （一）发病症状

根癌病即根部肿瘤病，多发生在表土下根颈部和主根与侧根连接处或接穗和砧木愈合处。发病初期病部形成灰白色瘤状物，表面粗糙，内部组织松软。随着树体生长和病情扩展，瘤状物不断增

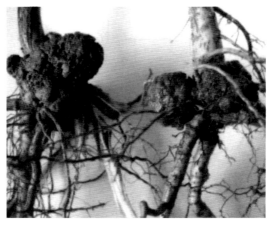

图3-28　根癌病症状

大，表皮枯死变为褐色至暗褐色（图3-28），内部组织坚硬，木质化。病树根系发育受阻，细根少，树势衰弱，植株矮小，叶片黄化，严重的植株干枯死亡。

（二）发生规律

根癌病原菌为一种土壤习居杆菌，能在土壤中存活很长时间，细菌在病组织中越冬，雨水和灌溉水是传播的主要媒介，地下害虫、修剪工具、病残组织及污染有病菌的土壤也可传病，带菌苗木或接穗是远距离传播的重要途径，病菌通过伤口侵入。

（三）防治方法

（1）加强苗木检疫。禁止从病区调入苗木，选用无病苗木，这是控制此病蔓延的主要途径。

（2）苗木消毒处理。定植前对可疑苗木进行根部消毒，可用1%硫酸铜液浸根10分钟，或用链霉素4 000倍液浸根20～30分钟，也可用30%石灰乳浸泡1小时后用水冲洗干净定植。

（3）加强管理，增强树势，提高抗病能力。适当增施酸性肥料，使土壤呈微酸性，能有效抑制该病发生、扩展。

（4）刮除肿瘤。一旦发病用3%DT杀菌剂30倍液或40%福美砷30倍液涂抹伤口。根茎周围替换无病土，连续防治可使病害得到有效控制。

# 十四、李子细菌性穿孔病

（一）发病症状

细菌性穿孔病主要侵染叶片、果实及枝条。

（1）叶片症状（图3-29）：叶片发病初期为多角形水渍状

斑点，以后扩大为圆形或不规则病斑，边缘水渍状，后期水渍状边缘消失，呈褐色后病斑干枯，病健组织交界处发生裂纹，形成0.5～5米的穿孔。

（2）果实症状（图3-30）：果实初侵染时，果皮上产生水渍状小点，后逐渐扩大，扩展到直径2米时，病斑中心变褐色，最终可形成近圆形、暗紫色、边缘具水渍状的晕环、中间稍凹陷、表面硬化、粗糙的病斑。

图3-29　叶片症状　　　　　　　图3-30　果实症状

（3）枝条症状（图3-31）：枝条感病后有春季溃疡和夏季溃疡两种病斑。春季溃疡发生在上一年抽生的枝条上，春季展叶时，先出现小肿瘤，后膨大破裂，皮层翘起，木质部裸露，成为近梭形病斑。病部的木质部坏死，深达髓部。春季病斑纵裂后，病菌溢出，开始传播。夏季溃疡发生在当年抽生的枝梢上，先产生水渍状小点，扩大后变为不规则褐色病斑、流胶，后期病斑膨大纵裂、凹陷，形成溃疡症状。

## （二）发生规律

该病主要发病于高温、潮湿的环境，并且长期的高湿与高温都会加剧病菌的传染。

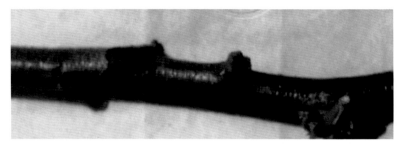

图3-31　枝条症状

（三）防治方法

（1）加强果园综合管理，增强树势，提高抗病能力。合理整形修剪，改善通风透光条件。冬夏修剪时，及时剪除病枝，清扫病叶，集中烧毁或深埋。

（2）在芽膨大前，全树喷施下列药剂。1∶1∶100倍式波尔多液；45%晶体石硫合剂30倍液；30%碱式硫酸铜胶悬剂300～500倍液等药剂，杀灭越冬病菌。

（3）展叶后至发病前是防治的关键时期，可喷施下列药剂。1∶1∶100倍式波尔多液；77%氢氧化铜可湿性粉剂400～600倍液；30%碱式硫酸铜悬浮剂300～400倍液等，间隔10～15天喷药1次。

（4）发病早期及时施药防治，可以用下列药剂。72%硫酸链霉素可湿性粉剂3 000～4 000倍液；3%中生菌素可湿性粉剂300～400倍液；33.5%喹啉铜悬浮剂1 000～1 500倍液等药剂。

## 十五、李树缺钾症

（一）发病症状

先从枝条中下部叶开始出现症状，常在叶尖两侧叶缘焦枯，并向上部叶片扩展（图3-32）。由于缺钾，氮的利用也受到限制，叶片呈黄绿色，表现出一定程度的缺氮症状，但黄化叶不易脱落。一般叶片含钾低于1%，即缺钾。

## （二）发生病因

在细砂土、酸性土及有机质少的土壤上，易表现缺钾症。在轻度缺钾的土壤上，偏施氮肥，易表现缺钾症。

图3-32　叶片缺钾状

## （三）防治方法

（1）在轻度缺钾的土壤上，不要偏施氮肥，避免缺钾症出现。

（2）果园缺钾时，6—7月追施草木灰、氯化钾或硫酸钾。

（3）叶面喷施2%磷酸二氢钾液。

# 十六、李树缺铁症

## （一）发病症状

自新梢顶端的嫩叶开始变黄，叶脉仍保持绿色呈网络状（图3-33）。

图3-33　叶片缺铁状

（二）发生原因

一是土壤中有效铁供给不足。二是在碱性或石灰性土壤中易发生缺铁症，生产上施氮偏多或土壤中锌、锰、钙等离子浓度偏高，也易引发缺铁。

（三）防治方法

（1）李树园增施腐熟有机肥，亩施有机肥3 000千克，采用秸秆还田的果园每亩施用量应保持在200～500千克，使土壤有机质含量在2%以上。采用秸秆还田的秸秆养分含量以有机质和钾为主，还要施用适量的氮调节碳氮比。有条件的采用测土配方施肥技术，测定土壤中碱解氮、速效磷、速效钾、pH值等，根据化验结果结合李树生长发育对主要元素需求量制定施肥方案，实行配方施肥。

（2）一般果园不缺铁，但在盐碱较重的土壤中，可溶的二价铁转化成不可溶的三价铁时，不能被李树吸收，也会出现缺铁。应及时在发芽前向树上喷施0.4%硫酸亚铁溶液，3天后再喷1次。也可在生长期喷洒氨基酸铁或黄腐酸铁或迦姆丰收1 000倍液。

# 第四章
## 李主要虫害及防治

### 一、李实蜂

#### （一）为害特征

李实蜂是李果的重要害虫。成虫（图4-1）为黑色小蜂，口器为褐色；触角丝状，雌蜂暗褐色，雄蜂深黄色；中胸背面有"义"字形纹；翅透明，棕灰色，雌蜂翅前缘及翅脉为黑色。卵椭圆形，乳白色。幼虫黄白色。蛹为裸蛹，羽化前变黑色。从花期开始，幼虫蛀食花托、花

图4-1　成虫及其为害花叶

萼和幼果，常将果肉、果核食空，将虫粪堆积在果内（图4-2），造成大量落果（图4-3）。

图4-2　幼虫及其为害果实

图4-3　为害形成的脱果孔

## （二）发生规律

一年发生1代，以老熟幼虫在土壤内结茧越冬，休眠期达10个月。翌年3月下旬，李萌芽时化蛹，李树花期成虫羽化，成虫产卵于李树花托或花萼表皮下。幼虫孵出后爬入花内，蛀入果核内部为害，无转果习性，果内被蛀空，堆积虫粪，幼虫老熟后落地结茧越夏并越冬休眠。

## （三）防治方法

（1）加强果园管理。合理施肥灌水，增强树势，提高树体抵抗力。科学修剪，调节通风透光，雨季注意果园排水措施，保持适当的温湿度，结合修剪，清理果园，结合冬耕深翻园土，促使越冬幼虫死亡。减少虫源。李实蜂的防治关键时期是花期。

（2）作好预测预报，准确掌握害虫在本地区本园的活动规律，进行防治。

（3）于成虫产卵前，喷洒50%敌敌畏乳油或50%杀螟硫磷乳油1 000倍液，毒杀成虫。

（4）李树始花期和落花后，各喷施1次，可用下列药剂：30%乙酰甲胺磷乳油1 000～1 500倍液；5%顺式氯氰菊酯乳油2 000～3 000倍液；10%氯氰菊酯乳油2 000～2 500倍液；20%氰戊菊酯乳油2500～3 000倍液，注意喷药质量，只要均匀、周到、细致，就会收到很好的防治效果。

# 二、李蚜虫

## （一）为害特征

蚜虫（图4-4、图4-5）主要为害李树新梢叶片。新梢被害严重时呈卷曲状，生长不良，影响光合作用，以致脱落，影响果树产量及花芽形成，并大大削弱树势。

图4-4　蚜虫

图4-5　李树上的蚜虫

## （二）发生规律

以卵在枝梢芽腋、小枝叉处及树皮裂缝中越冬，第二年芽萌动时开始孵化，群集在芽上为害。展叶后转至叶背为害，5月繁殖最快，为害最重。蚜虫繁殖很快，李蚜一年可达20～30代，6月李蚜产生有翅蚜，飞往其他果树及杂草上为害。10月再回到李树上，产生有性蚜，交尾后产卵越冬。

（三）防治方法

（1）早春结合修剪，剪去被害枝条，集中销毁。

（2）树体打药：在为害盛期可喷50%敌敌畏乳剂1%～1.5%液，也可喷40%乐果乳剂1%～2%液、50%马拉硫磷1%液、50%辛硫磷乳剂2%液、50%灭蚜松可湿性粉剂1.5%液。

（3）合理保护或引放天敌，蚜虫的天敌有瓢虫、食蚜蝇、寄生蜂、食蚜瘿蚊、蟹蛛、草蛉以及昆虫病原真菌等。

# 三、李桑白蚧

## （一）为害特征

桑白蚧，又称桑盾蚧。以若虫或雌成虫聚集固定在枝干上吸食汁液，随后密度逐渐增大。虫体表面灰白或灰褐色（图4-6），受害枝长势减弱，甚至枯死。

图4-6　桑白蚧

## （二）发生规律

北方果区一般一年发生2代，第二代受精雌成虫在枝干上越冬。第二年5月开始在壳下产卵，每一雌成虫可产卵40～60粒，产卵后死亡。第一代若虫在5月下旬至6月上旬孵化，孵化期较集中。孵化后的若虫在介壳下停留数小时后爬出介壳，分散活动1～2天后便成群固定在母体附近的枝条上吸食汁液，5～7天开始分泌白色蜡质介壳。个别的在果实上和叶片上为害。7月下旬8月上旬，变成成虫又开始产卵，8月下旬第二代若虫出现，雄若虫经拟蛹期羽化为成虫，交尾后即死去，留下受精雌成虫继续为害并在枝干上越冬。

## （三）防治方法

（1）消灭越冬成虫，结合冬剪和刮树皮及时剪除、刮治被害枝，也可用硬毛刷刷除在枝干上的越冬雌成虫。

（2）药剂防治。重点抓住第一代若虫盛发期，未形成蜡壳时进行防治，目前效果较好的是速扑杀，其渗透力强，可杀死介壳下的虫体。

# 四、李金龟子

## （一）为害特征

被害果被咬成大洞，引起落果和腐烂。成虫有假死性和群聚性，而且果醋液味和向日葵花盘香味对成虫诱集性强（图4-7）。

## （二）发生规律

金龟子成虫在6—8月为害最重，白天活动取食，最喜食有伤口的李子果实。

**图4-7 李金龟子**

## （三）防治方法

（1）向日葵诱杀法

在果园里以单株分散种植的方法，每亩种向日葵8～10株，利用向日葵的香味诱集，每天早晨用一个袋子套住向日葵的花盘敲击，使成虫落入袋中，然后集中杀灭。

（2）果醋液诱杀法

利用白星金龟子喜好果醋液的特性诱杀。果醋液的配制方法：落地果1份，食醋1份，食糖2份，水0.5份。将落地果切碎，与醋、糖、水混合后煮成粥状，装入广口瓶中（半瓶即可），然后再加入半瓶敌敌畏500倍液混合均匀。于白星金龟子成虫发生盛期，在果园中每隔20～30米挂1瓶，离地面高度为1.2～1.5米。瓶要靠近枝干，每天早晨清除白星金龟子死虫。

（3）以虫诱虫法

在果园里，按每亩挂6～8个啤酒瓶的标准，把啤酒瓶挂在离地面1.5米左右高处，捉2个或3个活的白星金龟子成虫放入啤酒瓶中，就会引其他成虫飞到瓶中。

# 五、李梨茎蜂

## （一）为害特征

梨茎蜂，又名折梢虫、截芽虫等。成虫产卵于新梢嫩皮下刚形成的木质部，从产卵点上3～10毫米处锯掉春梢，幼虫于梢内向下取食，致使受害部枯死，形成黑褐色的干撅（图4-8）。

图4-8　幼虫为害状

## （二）发生规律

梨茎蜂1年发生1代，以老熟幼虫及蛹在二年生枝条内越冬，3月上、中旬化蛹，梨树开花时羽化，花谢时成虫开始产卵，花后10天新梢大量抽出时进入产卵盛期，幼虫孵化后向下蛀食幼嫩木质部而留皮层，边吃边拉粪便将空梢填满，到5月下旬蛀到二年生枝部分，6月全部蛀入二年生枝，蛀成略弯曲的长椭圆形虫洞。8月上旬老熟停止取食，作茧开始休眠越冬。

### （三）防治方法

（1）冬季剪除幼虫为害的枯枝，春季成虫产卵结束后，剪除被害梢，以杀死卵或幼虫。

（2）成虫发生时期进行药剂防治，可选用药剂及浓度。2.5%功夫菊酯1 500～2 000倍液，20%速灭杀丁1 500～2 000倍液，2.5%溴氰菊酯1 500～2 000倍液，40%毒死蜱1 000～1 500倍液，80%敌敌畏1 000～1 500倍液等有机磷或菊酯类农药。结果大树正值花期，可于开花前和刚落花后喷药；对未开花小李子树，可于李子开花期施药。

## 六、李子食心虫

### （一）为害特征

李子食心虫是为害李子果实最严重的害虫。被害果实常在虫孔处流出泪珠状果胶，不能继续正常发育，渐渐变成紫红色而脱落。因其虫道内积满了红色虫粪，故又形象地称之为"豆沙馅"（图4-9）。

### （二）发生规律

北方年生1～4代，大部分地区2～3代。均以老熟幼虫在树干周围土中、杂草等地被下及皮缝中结茧越冬。李树花芽萌动期于土中越冬者多破茧上移至地表1厘米处。再结与地面垂直的茧，于内化蛹，在地表和皮缝内越冬者即在原茧内化蛹。

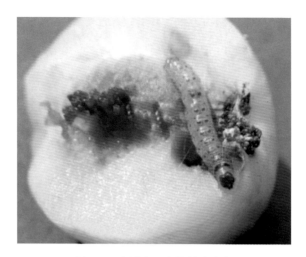

图4-9　李子食心虫及其为害状

（三）防治方法

李子食心虫防治的关键时期是各代成虫盛期和产卵盛期及第一代老熟幼虫入土期。喷施90%敌百虫0.8%液、50%马拉硫磷1%液、50%敌敌畏。李树生理落果前、冠下土壤普施1次50%辛硫磷1%～1.5%液。在落花末期（95%落花）小果呈麦粒大小时，喷第1次药，使用敌敌畏、敌杀死、速灭杀丁、来福灵皆可，每隔7～10天喷1次。从综合防治的角度考虑，亦可采用生物制剂对树冠下土壤进行处理，如白僵菌等。秋后应把落果扫尽，减少翌年虫源。

## 七、李卷叶虫类

（一）为害症状

为害李树的卷叶虫以顶卷、黄斑卷和黑星麦蛾较多。顶梢卷叶蛾主要为害梢顶，使新的生长点不能生长，对幼树生长为害极大，黑星麦蛾（图4-10）、黄斑卷叶蛾（图4-11）主要为害叶片，造成卷叶。

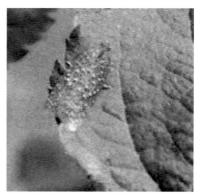

图4-10　黑星麦蛾　　　　　　图4-11　黄斑卷叶蛾

## （二）发生规律

顶卷、黑星麦蛾一年多发生3代，黄斑卷3~4代，顶卷以小幼虫在顶梢卷叶内越冬。成虫有趋光性和趋糖醋性。黑星麦蛾以老熟幼虫化蛹，在杂草等处越冬，黄斑卷越冬型成虫在落叶、杂草及向阳土缝中越冬。

## （三）防治方法

顶卷应采取人工剪除虫梢为主的防治策略，药剂防治则效果不佳。黄斑卷和黑星麦蛾防治方法，一是可通过清洁田园消灭越冬成虫和蛹；二是可人工捏虫；三是药剂防治，在幼虫未卷叶时喷灭幼脲三号或触杀性药剂。

## 八、李园桃蛀螟

### （一）为害特征

桃蛀螟（图4-12、图4-13）俗称桃蛀心虫，是一种分布广、食性杂的害虫，可为害桃、李、杏等果树和农作物。桃蛀螟以幼虫蛀食果实，使果实不能正常发育、变色脱落或内部充满虫粪，严重影响经济作物的产量和质量。

图4-12　桃蛀螟成虫

图4-13　桃蛀螟幼虫

### （二）发生规律

发生代数因不同地区而异，长江流域及其以南每年发生4~5代，世代重叠严重，各地4—9月几乎都能见到成虫。老熟幼虫多在树皮缝隙、僵果、落叶、向日葵花盘、玉米或高粱秸秆中越冬，翌年4月越冬幼虫开始化蛹，越冬代成虫发生在4月下旬至5月上旬，第一代成虫发生在6月上旬至7月中旬。5—7月发生的第一、第二代幼虫主要为害桃、李果实，8月以后的虫代转移到板栗等其他果树以及玉米、高粱、向日葵等作物上为害。桃蛀螟成虫白天静息，傍晚以后取食，交尾，产卵，对黑光灯和糖醋液有强烈趋性，喜欢在枝叶茂密处的果实上以及两个或两个以上果实，紧靠处产卵，一般每个果实产卵1~3粒，多者可达20~30粒。雨水多的年份发生重。

### （三）防治方法

（1）清除越冬幼虫：每年4月中旬，越冬幼虫化蛹前，清除果园周边玉米、向日葵等寄主植物的残体，并刮除果树翘皮、集中烧毁，减少虫源。

（2）诱杀成虫：7月成虫发生期，田间开始挂桃蛀螟性诱导剂诱杀成虫。8月上旬，用2.5%溴氰菊酯乳油3 000倍液喷雾防治，在产卵盛期喷洒50%磷胺水可溶剂1 000~2 000倍液，每亩使药液75千克。

（3）果实套袋：在套袋前结合防治其他病虫害喷药1次，消灭早期桃蛀螟所产的卵。不套袋的果园，要掌握第一、第二代成虫产卵高峰期喷药。

（4）拾毁落果和摘除虫果，消灭果内幼虫。

## 九、李园红蜘蛛

### （一）为害特征

以成、幼、若螨刺吸叶片汁液进行为害（图4-14）。被害叶片初期呈现灰白色失绿小斑点，后扩大，致使全叶呈灰褐色，最后焦枯脱落。发生严重年份有的园子7—8月树叶大部分脱落，造成二次开花。严重影响果品产量和品质并影响花芽形成和下年产量。

图4-14 李园红蜘蛛

（二）发生规律

每年发生5～9代，以受精雌螨在枝干树皮裂缝内和老翘皮下，或靠近树干基部3～4厘米深的土缝内越冬。也有在落叶下、杂草根际及果实梗洼处越冬的。春季芽体膨大时，雌螨开始出蛰，日均温达10℃时，雌螨开始上芽为害。是花前喷药防治的关键时期。初花至盛花期为雌螨产卵盛期，卵期7天左右，第一代幼螨和若螨发生比较整齐，历时约半个月，此时为药剂防治的关键时期。进入6月下旬后，气温增高，红蜘蛛发育加快，开始出现世代重叠，防治就比较困难，7—8月螨量达高峰，为害加重，但随着雨季来临，天敌数量相应增加对红蜘蛛有一定抑制作用。8—9月间逐渐出现越冬雌螨。

（三）防治方法

（1）李树休眠期的防治。目的是尽一切可能压低虫口基数。

果树发芽前喷布5%蒽油乳剂、4~5度石硫合剂。另外，早春李树萌发前，结合防治其他害虫，彻底刮除主干及主枝上的翘皮及粗皮，集中烧毁。

（2）李树发芽后的防治。在越冬雌虫出蛰盛期，第一代卵孵化完了时进行防治，可用30度石硫合剂加水稀释0.8液或20%三氯杀螨矾可湿性粉剂0.6%~1%液、40%氧化乐果乳剂1.5%~2%液、20%灭扫利2%液、20%三氯杀螨醇或50%溴螨脂1%液。各种杀螨剂应轮换使用，防止虫体出现抗药性，提高防治效果。

（3）根据山楂红蜘蛛的生活习性，在田间管理方面，要合理间作，及时深翻树盘或树盘埋土，合理修剪，适当施肥灌水。亦可用土办法防治，诸如大蒜汁喷施或洗衣粉与石硫合剂混用等方法。同时要保护好天敌，以发挥天敌对虫害的自然控制作用。

# 十、李园杏球坚蚧

## （一）为害特征

杏球坚蚧又称杏虱子，是一种发生非常普遍的害虫，以若虫、雌成虫固着在枝条上、树干上嫩皮处，结球累累（图4-15）。终生刺吸汁液。一般发生密度很大。使树势衰弱，严重时枝条干枯死亡。

**图4-15　杏球坚蚧**

## （二）发生规律

1年发生1代，以2龄若虫固若在枝条上越冬。5月上旬开始产卵于母体下面，产卵约历时两周。每雌虫平均产卵1 000粒左右，最多达2 200粒，最少产卵50粒。卵期7天，5月中旬为若虫孵化盛期，初孵化若虫从母体臀裂处爬出，在寄主上爬行1～2天，寻找适当地点，以枝条裂缝处和枝条基部叶痕中为多。固定后，身体稍长大，两侧分泌白色丝状蜡质物。覆盖虫体背面，6月中旬后蜡树又逐渐溶化出色蜡层，包在虫体四周，此时发育缓慢，雌雄难分，越冬前蜕皮1次，蜕皮包于2龄若虫体下，到10月，随之进入越冬。

## （三）防治方法

（1）早春发芽前，喷5度石硫合剂，杀死越冬小幼虫，河北省怀来县用3度石硫合剂，加200倍砒酸铅（现配现用），成本低，效果好。

（2）萌芽至花蕾露红时，越冬若虫自蜡质壳内爬出转移时喷3度石硫合剂或对硫磷乳剂2 000倍液。

（3）若虫孵化盛期（5月下旬至6月上旬）喷克蚧灵、蚧光、蚧达的混合液防治效果较好或喷2.5%溴氰菊脂3 000倍液或10%氯氰菊酯800～1 000倍液或0.4～0.5度石硫合剂。

（4）人工刷除介壳。应在雌虫尚未产卵或卵未孵化前刷除。

（5）树干涂药环。5月下旬至6月上旬，刮去15～20厘米树干老皮，涂40%氧化乐果4～5倍液；25%久效磷50倍液；40%甲胺磷5～10倍液，涂后用塑料布包扎。

（6）保护天敌。黑缘红瓢虫的成虫捕食蚧壳虫若虫，幼虫捕食蚧壳虫的雌成虫，应注意保护利用，一般秋末可人工设置瓢虫的越冬场所，生长季节避免喷残效期长的剧毒农药。

# 十一、李蛀干害虫（天牛类）

## （一）为害特征

李树根部蛀虫一般是天牛类害虫（图4-16）。李树采果后，天牛类蛀干害虫为害会加剧，特别是成年树受害更甚。一般为害李树的主要害虫是星天牛和桑天牛等，其幼虫会蛀食树干、枝干和根部。

图4-16　天牛

## （二）发生规律

每2～3年发生1代，以不同虫龄的幼虫在枝杆蛀道内越冬，一般低龄幼虫在皮下，高龄幼虫在木质部内。翌春幼虫恢复活动，继续蛀食，严重时红褐色木屑状虫粪堆满干基地面，6—9月间成虫羽化，以7—8月为盛发期。初羽化的成虫在蛹室内停留3～5天，再钻出羽化孔，以雨后外出较多，晴天中午成虫常憩息在树干上，喜食水分和烂果。雌虫对雄虫引诱力较强，可引来50米以外的雄虫。羽化后2～3天交配，交配多在白天，4～5天后产卵。

卵多产在主干和大枝基部的缝隙中，以近地面30厘米左右为多。雌虫平均产卵170粒左右。成虫寿命15～30天，卵期约15天。幼虫孵化后，先在韧皮部皮层下蛀食，形成弯曲虫道，此时虫粪即积在皮下蛀道内，初受害枝杆外部无明显为害状，当年冬季即以小幼虫越冬。第二年开春后恢复活动，向木质部边材部分蛀食，蛀道向下发展。高龄幼虫在木质部形成不规则蛀道，树干上有蛀孔，从孔内向外排出红褐色木屑状虫粪，堆积在孔口地表附近。当幼虫长30毫米左右时，再向上蛀食芯材，并在其中度过第二年冬季。第三年春季4—6月老熟幼虫在蛀道末端粘结虫粪、木屑筑成蛹室，虫体转动头部向上，在蛹室内化蛹，6—7月陆续羽化。

### （三）防治方法

（1）钩杀：用一铁丝钩，先将蛀孔内的木屑、虫粪掏出，然后用铁丝钩将蛀孔内的幼虫钩杀致死。

（2）刮皮：结合钩杀，将李树的裂皮、翘皮刮掉，并连同枯枝、残果在园外集中烧毁，以杀死虫卵。

（3）密封：先将蛀孔内的木屑、虫粪掏出，然后用棉花团蘸上50%敌敌畏乳剂原液，塞入蛀孔内，并立即用黄黏泥密封蛀虫孔口，以杀灭天牛的成虫和幼虫。

（4）喷灌：取50%敌敌畏乳剂1 000倍液5～10毫升或20%速灭杀丁乳油700～800倍液5～10毫升，去除喷雾器的喷头，将药液直接喷灌到有新鲜虫粪排出的排粪孔内。

# 十二、介壳虫

## （一）为害特征

介壳虫，又名蚧虫。介壳虫是柑橘、李、桃上的一类重要害虫，常见的有红圆蚧、褐圆蚧、桑白蚧、糠片蚧、矢尖蚧和吹绵蚧等。介壳虫为害枝干及叶片、果实，以雌成虫和若虫群集固着在枝干上（图4-17），以针状口器插入枝干组织中吸取汁液，偶有果实和叶片为害。为害严重时介壳虫密集重叠，形成枝条表面凹凸不平，削弱树势，甚至使枝条或全株死亡；雄虫有翅，能飞。为害李的主要是桑白蚧。

**图4-17　桑白蚧为害状**

## （二）发生规律

桑白蚧属盾蚧科同翅目昆虫，又名桑盾蚧、桑介壳虫、桃介壳虫。在南方，桑白蚧一般一年发生2代，以受精雌成虫在树体为害处越冬，春季树体萌动时，开始活动吸食为害，4月下旬至5月上旬开始产卵，卵期15天左右；5月中旬至下旬为卵孵化盛期。1代若虫多出现在5月中旬末至下旬初，2代在7月中旬开始产卵，7月下旬为产卵盛期，卵期10天左右。10月上中旬若虫发育成熟，雌虫交尾后便进入越冬状态。

## （三）防治方法

由于介壳虫成虫体外被有蜡质介壳，故而抗药能力强，一般药剂难以进入体内，防治比较困难。在若虫孵化不久时，其体表尚未分泌蜡质，介壳尚未形成，施药防治效果较好，因此，宜在若虫孵化盛期选择柴油乳剂或5.7%甲维盐水分散粒剂5 000倍液加2.5%溴氰菊酯乳油3 000倍液进行防治，每隔7～10天喷1次，连续2～3次。

# 十三、独角仙

## （一）为害特征

独角仙又称独角犀，属鞘翅目金龟子科昆虫。主要为害果实，也为害果树的根茎部。幼虫为害主要啃食果树的根茎部树皮，影响果树生长；成虫为害桃、李、梨等成熟果实，严重时几头成虫集

**图4-18　独角仙成虫**

聚在一只果实上为害（图4-18），造成受害果实千疮百孔，不堪食用。

## （二）发生规律

独角仙在南方一年发生1代，以幼虫在肥堆、草堆或有机质

多的土壤中越冬。翌年4月中下旬化蛹，蛹期10～12天。成虫通常在每年5—8月出现，5月中下旬为羽化盛期，成虫多为昼伏夜出，有一定的趋光性，常群集咬食果园里的成熟果实和吸食树木伤口处的汁液。初羽化的成虫在土壤中栖息，下午7—8时爬出土面活动，羽化后3周左右开始交尾，交尾10多天后产卵。卵产在有机质多的堆肥或较疏松的土壤中，产卵期在6月中旬至7月下旬，盛期在6月下旬，成虫昼夜均可产卵，以夜间为多，产卵时产卵器伸出体外并分泌液体物质使松散的腐殖质凝结成块，卵包裹于其中，通常1～2粒，日最高产卵量近20粒。卵期8～15天，幼虫孵化后在土中生活，以朽木、腐殖质、树皮为食，春末夏初多在地下30厘米左右，冬季一般在表土30厘米以下或深藏于肥堆、草堆中。幼虫期共蜕皮2次，历3龄，成熟幼虫体躯甚大，乳白色，通常弯曲呈"C"形。老熟幼虫在土中做土室化蛹。

独角仙为大型昆虫，生长速度快，为维持其正常的生长和生理代谢，除了需要大量的养分外，同时还需要食料中含有较多的水分和相当湿度的生态环境。成虫取食和产卵也需较高的湿度，不取食含水分少的树木和果实，产卵喜选择水分含量较高的腐殖层深处。湿度的大小对卵的胚胎发育和孵化的影响最为明显。因此，环境中含水分多、养分充足的厩肥、堆肥、草堆等的多少与独角仙的发生量有密切关系。

## （三）防治方法

农业防治方法为结合果园除草松土，杀死部分幼虫；在果园边堆放的堆肥和厩肥，宜在每年2月底前施完，施肥时发现幼虫和蛹，及时捕杀；在梨、桃等果树果实成熟期，加强对果园的管理，对独角仙成虫进行人工捕杀；树干涂白，可降低独角仙幼虫对树干的为害。果实套袋对独角仙喜食的梨、桃等果树，进行果实套袋，可较好地降低成虫为害程度。物理防治方法为成虫为害期，利用独角仙成虫的趋光性，在果园内设置杀虫灯诱杀成虫。化学防治方法为对有机肥使用较多、独角仙发生量较大的果园，可在幼虫期选用15％毒死蜱颗粒剂每亩2kg拌土撒施，杀灭幼虫；独角仙成虫为害成熟果实，因此不宜采用药剂防治，可在果园商品果采收完毕时，随即喷布5％氯虫苯甲酰胺悬浮剂5 000倍液或20％氯氰菊酯乳油1 500倍液或80％敌敌畏乳油1 000倍液进行防治。

# 十四、吸果夜蛾

## （一）为害特征

吸果夜蛾是果树害虫，以成虫（图4-19）刺吸果实汁液，造成果实腐烂和落果。除为害柑橘外，也为害苹果、梨、葡萄等多种果类。

图4-19　吸果夜蛾成虫

（二）发生规律

吸果夜蛾的发生因种类、季节和寄生植物而异。在中国南方，一般1年发生2～4代。嘴壶夜蛾一年发生4～6代，主要以幼虫越冬；鸟嘴壶夜蛾约发生4代，以幼虫、成虫、蛹越冬；枯叶夜蛾2～3代。3种吸果夜蛾发生世代常重叠，越冬虫态在果园内外寄主上或杂草丛内越冬，卵产于木防己、汉防己等寄主杂草上，一头雌虫可产卵几百粒，孵出的幼虫不为害果实，取食木防己、汉防己等杂草的幼嫩叶片。吸果夜蛾以成虫为害成熟或近成熟果实，白天潜伏在石缝或杂草灌木丛中，黄昏时飞出为害，用口吻穿刺果实吸食汁液，多吸食树冠中下部果实特别是天气闷热、无风雨、有月光的夜晚，可以通宵为害。天亮前逐渐飞离果园，转入果园附近的杂草、石缝等处潜伏下来，也有少部分留在树上。为害密度大时，一个果实上有几个成虫刺吸，刺孔多达30余个。皮薄、汁多、有香气的果实为害更重。从5月开始为害桃、李等果树，9—11月为害柑橘、猕猴桃并达到为害高峰。成虫有趋光性，并具假死性。

（三）防治方法

（1）山区果园尽可能连片种植，选用丰产晚熟柑橘品种；果园周围除木防己等幼虫野生寄主杂草，以杜绝虫源；成虫发生期间用人工捕杀或采取黄色荧光灯避虫和果实成熟期前套袋等措施。

（2）对山地园、吸果夜蛾为害特别严重的果园，在果实成熟前，应进行果实套袋。但套袋前必须做好红蜘蛛、锈壁虱的防治工作。

（3）一般7～10年生的树，每株用香茅油约10毫升（树龄长、树冠大的植株适当增加用量），分别滴于8～10张纸片上（纸片规格为5厘米×6厘米），于傍晚将药纸均匀的悬挂在植株周围，次晨把药纸收回保存于密封的塑料纸袋内，当晚复用时药量可减半。施药区虫口减退率平均达96.1%。

## 十五、小绿叶蝉

### （一）为害症状

小绿叶蝉（图4-20）寄主种类广泛，分布很广，我国各地多有发生，主要为害桃、杏、李、樱桃、梅、葡萄、茄子、菜豆、十字花科蔬菜、马铃薯、甜菜、水稻等作物。主要为害叶片，以成虫、若虫刺吸叶片汁液，被害叶初现黄白色斑点，逐渐扩大成片，严重时全叶苍白早落。

**图4-20　小绿叶蝉**

### （二）发生规律

小绿叶蝉属叶蝉科同翅目昆虫，成虫体长3～4毫米，黄绿至绿色，头顶中央有一个白纹，两侧各有一个不明显的黑点，复眼内侧和头部后绿也有白纹，并与前一白纹连成"山"字形。一年发生4～6代，以成虫在落叶、杂草或低矮绿色植物中越冬。翌年春季于桃、李、杏萌芽后出蛰，飞到树上刺吸汁液，经取食后交尾产卵，卵多产在新梢或叶片主脉里，卵期5～20天；若虫期10～20天，非越冬成虫寿命30天；6月虫口数量增加，8—9月最多且为害重，秋后以末代成虫越冬。小绿叶蝉完成1个世代40～50天，因发生期不整齐而致世代重叠。成虫、若虫喜白天活动，在叶背刺吸汁液或栖息。成虫善跳，可借风力扩散，旬均温15～25℃适其生长发育，28℃以上及连阴雨天气虫口密度下降。

### （三）防治方法

成虫出蛰前清除落叶及杂草，减少越冬虫源。在越冬代成虫迁入后，各代若虫孵化盛期及时喷洒药剂防治，可选择40%啶虫脒水分散粒剂8 000倍液或25%吡蚜酮可湿性粉剂1 500倍液或10%氯氰菊酯乳油1 500倍液等交替防治。

# 十六、李枯叶蛾

### （一）为害症状

李枯叶蛾成虫（图4-21）全体赤褐色至茶褐色。头部色略淡，中央有一条黑色纵纹；前翅外缘和后缘略呈锯齿状；后翅短宽、外缘呈锯齿状。幼虫（图4-22）稍扁平，暗褐到

**图4-21 李枯叶蛾成虫**

暗灰色，疏生长、短毛。幼虫咬食嫩芽和叶片，常将叶片吃光。仅残留叶柄（图4-23），严重影响树体生长发育。

图4-22　李枯叶蛾幼虫

图4-23　李枯叶蛾为害状

（二）发生规律

东北一年发生1代，河南2代，以低龄幼虫伏在枝上和皮缝中越冬。翌春李树发芽后出蛰食害嫩芽和叶片，常将叶片吃光仅残留叶柄；6月中旬至8月发生成虫。卵多产于枝条上，幼虫孵化后食叶，发生1代者幼虫达2～3龄便伏于枝上或皮缝中越冬；发生2代者幼虫为害至老熟结茧化蛹，羽化，第二代幼虫达2～3龄便进入越冬状态。成虫体扁、体色与树皮色相似停息时两翅合拢，形态似枯叶状，故不易发现。

（三）防治方法

（1）结合果园管理或修剪，捕杀幼虫，就地消灭。

（2）悬挂黑光灯，诱捕成蛾。

（3）越冬幼虫出蛰盛期及第一代卵孵化盛期后是施药的关键时期，可用下列药剂：50%马拉硫磷乳油1 000～1 500倍液；20%菊·马（氰戊菊酯·马拉硫磷）乳油2 000～3 000倍液；20%甲氰菊酯乳油2 000～2 500倍液；20%氰戊菊酯乳油2 000～3 000倍液等。

# 参考文献

刘红彦. 2013. 果树病虫害诊治原色图鉴[M]. 北京：中国农业科学技术出版社.

吕平会. 2013. 李周年管理关键技术[M]. 北京：金盾出版社.

张志成，吕平会. 1999. 李树栽培[M]. 陕西：陕西人民教育出版社.